Ibrahim Hussein

A situação de Prunus Africana na Tanzânia

Ibrahim Hussein

A situação de Prunus Africana na Tanzânia

ScienciaScripts

Cover image: www.ingimage.com

This book is a translation from the original published under ISBN 978-620-2-06334-0.

Publisher:
Sciencia Scripts
is a trademark of
Dodo Books Indian Ocean Ltd. and OmniScriptum S.R.L publishing group

120 High Road, East Finchley, London, N2 9ED, United Kingdom
Str. Armeneasca 28/1, office 1, Chisinau MD-2012, Republic of Moldova, Europe
Printed at: see last page
ISBN: 978-620-7-77427-2

CAPÍTULO 1 RESUMO.

Prunus africana (syn. *Pygeum africana*) é uma espécie de árvore nativa que ocorre naturalmente nas florestas tropicais de terras altas da África Ocidental à África do Sul e nas florestas húmidas de Brachystegia. Na Tanzânia, encontra-se principalmente em florestas tropicais de montanha com elevada precipitação a altitudes de 1500-2300 metros acima do nível do mar. Cresce naturalmente no Kilimanjaro, nas montanhas Pare, Usambara Oriental e Ocidental, Nguru e Uluguru. As árvores também ocorrem nas escarpas de Mufindi e Mahenge. A espécie também foi registada nas montanhas Udzungwa, Southern Highlands, Geita, Bukoba e Kondoa. Grandes quantidades de casca e folhas são utilizadas para fins medicinais e, em menor escala, a árvore é utilizada para lenha, carvão, madeira, postes, utensílios como almofarizes, alimento para abelhas, sombra, plantas ornamentais, cobertura vegetal e quebra-ventos. Na Europa, os extractos da casca são utilizados para tratar a hiperplasia benigna da próstata (BPH). [8]Os dados clínicos apoiam a sua utilização para aliviar os sintomas do trato urinário inferior da HBP em fase 1 e 2 (noctúria, poliúria e retenção urinária) nos casos em que o diagnóstico de cancro da próstata é negativo. Um extrato normalizado da casca (fração lipídica/esterol) é utilizado clinicamente na Europa desde 1969.

O principal problema reside no facto de a espécie estar classificada como ameaçada de extinção e de o abate descontrolado de árvores representar o risco de extinção da espécie num futuro próximo. Os métodos de exploração não sustentáveis, que implicam um descasque excessivo ou o abate de árvores inteiras, ameaçam ainda mais a espécie.

O comércio de Prunus africana e de outras espécies ameaçadas da flora e da fauna selvagens é controlado pela Convenção sobre o Comércio Internacional das Espécies da Fauna e da Flora Selvagens Ameaçadas de Extinção (CITES), que proibiu o comércio de *Prunus africana* da

Tanzânia. A CITES proibiu o comércio de Prunus africana a partir da Tanzânia, devido à falta de dados sobre *Prunus africana*, nomeadamente sobre o estado da espécie na natureza. Este estudo, realizado em 2009, identifica as áreas potenciais de *Prunus africana* na Tanzânia e as questões emergentes relacionadas com a biologia, conservação e tendência comercial de *Prunus africana* na Tanzânia, a fim de melhorar a gestão da espécie.

Os resultados mostram que *a Prunus africana* ocorre em algumas florestas afromontanas na Tanzânia, mas não foi encontrada noutras florestas. Na Tanzânia, *a Prunus africana ocorre nas* florestas das Montanhas Orientais e ao longo do Vale do Rift. As principais zonas florestais onde ocorre são Meru, Kilimanjaro, Kindoroko nas Montanhas Pare, Shume Magamba nas Montanhas Usambara ocidentais e as florestas das terras altas do sul, especialmente no distrito de Kidabaga.

Existem semelhanças fonológicas em todas as árvores

amostradas nas florestas visitadas. Por exemplo, a cor da parte interna do dorso é esbranquiçada/cremosa em todas as árvores amostradas. Durante o estudo, em todos os locais visitados, registou-se uma elevada concentração de *Prunus africana* na Reserva Florestal da Bacia do Kilimanjaro, em comparação com outras áreas. Nas montanhas Nguru e Uluguru, não foi possível localizar a população de *Prunus africana*, mas estamos a prosseguir a nossa investigação. *A Prunus africana* também *é* cultivada nas plantações em algumas partes de Shume Magamba e nas regiões montanhosas do sul.

O comércio de Prunus africana é regulado pela Convenção sobre o Comércio Internacional das Espécies da Fauna e da Flora Selvagens Ameaçadas de Extinção (CITES) e pelo Ministério dos Recursos Naturais e do Turismo. Esta regulamentação inclui a emissão de autorizações e licenças, a vigilância das florestas e o controlo do comércio ilegal. Existem poucas estatísticas disponíveis sobre o volume

deste comércio. No entanto, alguns dados do Departamento Florestal e Apícola (FBD) do Ministério dos Recursos Naturais e do Turismo (MNRT) indicam que, em 2007, foram exportadas quinze (15) toneladas para Espanha e um total de quarenta (40) toneladas de casca de *Prunus* africana para o Reino Unido. Por outro lado, há algumas empresas que exportam Prunus *africana* para vários países do mundo. Por exemplo, a TABECO International Ltd e a Afro-Scan International Ltd, ambas sediadas em
Dar es Salaam exporta *P. africana* para países como os EUA, a China, a França e a Alemanha.

A Tanzânia tem um número mínimo de árvores de *Prunus* africana que precisam de ser abatidas, mas não existem mecanismos bem desenvolvidos para o abate, sendo removidos cerca de 50-70% da árvore. Até à data, não existem provas de abate comercial e de comércio de *Prunus africana*, depois de a CITES ter solicitado mais informações. Contudo, em 2006/07, foram concedidas licenças a algumas empresas (TABECO e Afro-Scan) para o abate da árvore.

A investigação também mostra que estas florestas Afromontanas, onde se encontra *a Prunus africana*, estão altamente ameaçadas porque são principalmente ameaçadas pelo abate ilegal de árvores, pelos incêndios e pela invasão agrícola. Outras ameaças a estas florestas incluem a recolha de lenha, a produção de carvão vegetal, a caça e a recolha de plantas para fins medicinais.

As recomendações deste estudo baseiam-se no facto de que o conhecimento atual da distribuição de *Prunus africana* provém de colecções botânicas, pelo que é necessário um inventário. O mesmo se aplica à avaliação da regeneração da espécie e ao acompanhamento ecológico a longo prazo: são necessários estudos sobre a duração da regeneração e a espessura da casca para determinar os intervalos de tempo entre as colheitas. Estes estudos são importantes antes da elaboração de um plano de gestão. Esta medida está em conformidade com a recomendação do Comité Permanente da CITES.

CAPÍTULO 2 INTRODUÇÃO

[oo]A Tanzânia é um dos três países da África Oriental e está situada a uma latitude 1 -12 Sul e a uma longitude 29o - 41o Este. [22 2]A Tanzânia tem uma área de cerca de 945.087 km, dos quais 886.040 km são de terra firme e 590.050 km de água. É o maior país da África Oriental. Apresenta diferentes condições físicas e climatéricas. Algumas zonas de maior altitude têm uma precipitação fiável, temperaturas baixas e uma vegetação luxuriante, enquanto as terras baixas são geralmente quentes e húmidas. Esta grande variedade de condições proporciona um ambiente para muitas espécies vegetais e animais.

As florestas e os bosques cobrem cerca de 33,5 milhões de hectares, ou seja, 46% da superfície terrestre total da Tanzânia. Destes, cerca de 13 milhões de hectares são designados como reservas florestais, dos quais 1,6 milhões de hectares são designados como zonas de captação de água geridas pelo governo central. (MNRT, 998). O recurso é classificado por tipo de floresta, utilização da floresta e estatuto jurídico.

Prunus africana (syn. *Pygeum africana*) é uma espécie de árvore indígena que ocorre naturalmente em florestas tropicais de terras altas da África Ocidental à África do Sul (Mbuya *et* 1994) e em florestas húmidas de Brachystegia. Na Tanzânia, encontra-se principalmente em florestas tropicais de montanha com elevada pluviosidade a altitudes de 15002300 metros acima do nível do mar (Mbuya *et 1994*). Nas florestas de altitude, a folhagem é aberta e os ramos são frequentemente caídos, mas nos prados a árvore é bastante redonda e compacta.

Cresce em estado selvagem no Kilimanjaro, em Pare, Usambara Oriental e Ocidental, Nguru e Uluguru. As árvores também ocorrem nas escarpas de Mufindi e Mahenge. A espécie também foi registada nas montanhas Udzungwa, nas Terras Altas do Sul, Geita, Bukoba e Kondoa (Ruffo *et* 1996, Shangali, *et* 1998, Zilihona *et* 1998).

CAPÍTULO 3 DEFINIÇÃO DO PROBLEMA E JUSTIFICAÇÃO.

Prunus africana está amplamente distribuída na Tanzânia, especialmente nas florestas montanhosas das terras altas do norte de Kilimanjaro e Meru, bem como nas terras altas do centro e do sul das Montanhas do Arco Oriental (Kapinga, 2007). A espécie também foi registada nas terras altas do sul e na Tanzânia ocidental a central (Ruffo *et* 1996, Shangali *et* 1998 e Zilihona *et* 1998). A espécie vegetal é encontrada em associação com espécies como *Albizia gummifera*, *Anigera adolfi-friederici*, *Cassipourea malosana*, *Celtis africana*, *Podocarpus falcatus* e *Polyscias kikuyuensis*.

O principal problema reside no facto de a espécie estar classificada como ameaçada de extinção e de o abate descontrolado de árvores representar o risco de extinção da espécie num futuro próximo. Os métodos de abate não sustentáveis, que implicam um descasque excessivo ou o abate de árvores inteiras, representam uma ameaça ainda maior para as espécies vegetais. O abate não é permitido nas florestas protegidas, mas apenas em plantações pertencentes a particulares ou em florestas de aldeia que requerem autorização da autoridade competente, do distrito ou da aldeia. Entre outros problemas, a Tanzânia, enquanto Estado da área de distribuição, tem falta de dados sobre a situação dos recursos de Prunus africana, não tem conhecimento atual da população natural ou plantada de *P. africana*, não tem sistema de monitorização nem planos de gestão a longo prazo para a colheita sustentável dos produtos. Tal como acontece com o comércio de outras espécies de árvores, o comércio de *Prunus africana* exige atualmente procedimentos comerciais, incluindo autorizações e licenças das autoridades competentes. Existe pouca informação estatística disponível sobre o volume deste comércio. Até à data, não há provas de colheita e comércio comerciais depois de a Convenção sobre as Espécies da Fauna e da Flora Selvagens Ameaçadas de Extinção (CITES) ter proibido a Tanzânia de exportar *Prunus africana.*

O objetivo geral deste estudo é ter uma abordagem para determinar o estado de *Prunus africana* na Tanzânia, identificando as áreas potenciais de disponibilidade.

Objectivos específicos.

1. Determinação da cartografia nacional da distribuição das florestas com povoamentos de Pygeum
2. Identificação de zonas potenciais com *Prunus africana* na Tanzânia
3. Recolha de informações sobre os dados fonológicos do recurso *Prunus africana*
4. Avaliação da evolução do comércio de *Prunus africana* e do estado das plantações.
5. Apresentar recomendações para uma boa gestão

Questões de investigação.

-Qual é a cartografia nacional da distribuição dos tipos de floresta em que ocorre *Prunus africana*?

-Quais são as áreas potenciais de cultivo de *Prunus africana* na Tanzânia?

-Quais são as principais ameaças às florestas de *Prunus africana* na Tanzânia?

-Desenvolvimento do comércio e procedimentos para a regulamentação do comércio de pygeum na Tanzânia?

Domínios de investigação.

O estudo foi efectuado nas florestas Afromontanas da

Tanzânia em cooperação com o estudo "*Desenvolvimento de estratégias para a conservação e utilização sustentável de Prunus africana para melhorar os meios de subsistência dos pequenos agricultores na Tanzânia"*. O estudo foi realizado em setembro de 2007 e março de 2008. Na primeira fase, foram identificados os locais nas florestas afromontanas da Tanzânia onde *ocorre Prunus africana*. Na Tanzânia, estas florestas vão desde as florestas orientais do Arc Mountanis até às florestas do Vale do Rift e da Bacia do Lago. As florestas mais importantes que foram estudadas incluem a Floresta Natural de Meru na Região de Arusha, as Florestas Naturais de Kilimanjaro, a Floresta Natural de Kindoroko, a Floresta Natural de Shume Magamba nas Montanhas Usambara Ocidentais no Distrito de Lushoto, as Florestas das Montanhas Nguru, Nguu e Uluguru, as Florestas das Terras Altas do Sul e a Floresta de Gaita na Região de Mwanza. Identificação de áreas com *Prunus africana* nestas florestas durante o reconhecimento com base em literatura anterior e levantamentos botânicos. Desta forma, foi possível identificar as áreas potenciais com *Prunus africana* na Tanzânia, o que é também o meu objetivo e simplifica a descrição da situação de *Prunus africana* na Tanzânia.

O levantamento botânico anterior tinha como objetivo identificar a floresta natural de *Prunus africana* na Tanzânia. Isto incluiu o trabalho de investigação de Mbuya, L. P., Msanga, H.P., Ruffo, C.K., Ann Birnie e BoTengnas. (1994), C. Kapinga, I. Hussein e N. Magogo (2007), porque as populações de Prunus africana estão localizadas a uma altitude superior a 1500 metros e estão isoladas umas das outras, o que dificulta a amostragem sistemática. Por conseguinte, foi estabelecido um local com vinte árvores de *Prunus africana* em cada floresta para a recolha de dados. Foram utilizados vários métodos para a recolha de dados, incluindo a avaliação dos recursos, a utilização de uma lista de verificação e a utilização de dados secundários da literatura.

Na **avaliação dos recursos,** as florestas naturais e os povoamentos tão pouco fragmentados quanto possível foram o critério para a seleção dos locais de amostragem. As árvores e os povoamentos plantados foram evitados e não foram objeto de amostragem.

Cerca de vinte (20) árvores de *Prunus africana* foram retiradas da população em cada local. As árvores foram seleccionadas ao acaso. Foram seleccionadas árvores com um DAP superior a 25 cm. As árvores seleccionadas estavam quase próximas umas das outras. Foram colhidas amostras de casca de cada árvore, tendo em conta as direcções cardeais leste, oeste, norte e sul. Foram também recolhidas amostras de folhas. Todos os rebentos num raio de 3 m foram contados e registados, e as espécies de árvores associadas foram identificadas e registadas.
O estudo também utilizou uma **lista de controlo para**

recolher informações sobre a gestão e o desenvolvimento do comércio de *Prunus africana* na Tanzânia. Para o efeito, foram visitados o Ministério dos Recursos Naturais e do Turismo e a empresa Tabaco International, que comercializa a casca de *Prunus* africana na Tanzânia.
Observação direta Este método permitiu obter informações directas sobre o estado das florestas, as ameaças e as espécies arbóreas associadas.

Análise de dados

As amostras recolhidas no campo e outros dados foram analisados diretamente para determinar parâmetros como a cor da casca, o estado da árvore e os danos na copa. No entanto, as amostras de casca serão analisadas posteriormente na Áustria com a Bioversity International (IPIGRI) para obter mais informações sobre a composição genética da *Prunus africana* na Áustria.
Tanzânia.
As informações recolhidas através da lista de controlo foram diretamente analisadas para *obter* informações sobre a gestão e o desenvolvimento do comércio de *Prunus africana*. O mesmo se aplica às informações recolhidas através da observação direta no terreno para identificar as principais ameaças às florestas afromontanas da Tanzânia.

. A cartografia nacional da distribuição dos tipos de floresta com *Prunus africana.*

A informação sobre os recursos florestais na Tanzânia é gerida pelo Ministério dos Recursos Naturais e Turismo da Tanzânia - Departamento de Florestas e Apicultura. Durante a recolha de dados, o Departamento de Florestas e Apicultura - Divisão de Levantamento e Cartografia foi visitado para determinar a cartografia nacional da distribuição dos tipos de floresta onde ocorre a Prunus africana.

Em geral, existe cartografia florestal nacional, mas não há informação clara sobre a escala e o formato dos dados disponíveis é um mapa em papel. Esta informação está acessível através do Departamento de Florestas e Apicultura - Departamento de Levantamento e Cartografia do Ministério dos Recursos Naturais e do Turismo.

O estudo mostra que não existe cartografia florestal das florestas de *Prunus africana* na **Tanzânia**, mas a distribuição atual de *P. africana baseia-se* nos dados recolhidos botanicamente. O Manual Técnico nº 6 de Mbuya, L. P., Msanga, H.P., Ruffo, C.K., Ann Birnie e BoTengnas. (1994). Useful trees and shrubs for Tanzania: *Identification, Propagation and Management for Agricultural Pastoral Communities*. P. 542 Regional Soil Cons. Regional Soil Cons. Unit / SDA. Contém informações gerais sobre a atual distribuição de *Prunus africana* na Tanzânia.

A informação sobre a distribuição de *Prunus africana* na Tanzânia entre as outras áreas de distribuição também é documentada por Cunningham (2006), que afirma que *Prunus africana* ocorre em florestas húmidas sempre verdes no nordeste da Tanzânia, incluindo Kilimanjaro, Pare, Usambaras Oriental e Ocidental, Montanhas Nguru e Uluguru e escarpas Mahenge, Udzungwa

Montanhas, terras altas do sul, partes ocidentais e centrais da Tanzânia.

Áreas potenciais (sítios) com Prunus africana na Tanzânia. Reserva florestal da bacia hidrográfica de Meru.

00Esta reserva florestal está situada 20 quilómetros a norte de Arusha, a 3 15' e 36 45'E. A reserva abrange as encostas inferiores exteriores do Monte Meru e um extenso corredor de solos no leste do país. O acesso à reserva é feito a partir de várias direcções, incluindo Olmotonyi, Oldonyosambu, Nadung'oro, Narok, Themi, Usa, Leguruki e Ngare Nanyuki. A reserva tem uma área designada de 26 433 hectares e um comprimento de fronteira de 196,3 quilómetros e está localizada no distrito de Arumeru.

As encostas do sudoeste são mais húmidas, com uma precipitação anual de até 2.000 mm, enquanto as encostas mais secas do norte recebem apenas 500 - 600 mm por ano. A estação seca decorre de junho a outubro. 00As temperaturas médias anuais situam-se entre os 17 C e os 20 C nas altitudes mais baixas e, como seria de esperar, são mais frescas nas altitudes mais elevadas. Os solos são predominantemente vulcânicos. Os andossolos encontram-se em rochas vulcânicas jovens (lava basáltica), que são ricas em nutrientes e alcalinas.

A vegetação pode ser classificada, grosso modo, em cinco tipos. Floresta seca de montanha a 1500-2600 m acima do nível do mar, floresta de montanha a 1500-2400 m acima do nível do mar, floresta de alta montanha a 2300-2700 m acima do nível do mar e pradaria subalpina a 2800-3000 m acima do nível do mar. A bacia hidrográfica é uma zona ecologicamente sensível que é definida tendo em conta a hidrologia e o declive. As zonas ao longo do curso de água com mais de 10 metros de largura, as faixas de 50 metros de cada lado do curso de água e os declives superiores a 40% são considerados zonas de captação.

Nesta zona, *o Prunus africana* encontra-se na floresta de alta montanha, e a área selecionada para a amostragem foi Narok, que se situa nesta zona de vegetação.

Reserva Florestal da Área de Captação do Kilimanjaro

A reserva florestal da bacia hidrográfica do Kilimanjaro é uma das reservas florestais da bacia hidrográfica da região do Kilimanjaro. A reserva KILIMANJARO, de grandes dimensões, está distribuída pelos distritos de Moshi, Hai e Rombo. O local selecionado para a amostragem na Reserva Florestal de Kilimanjaro foi o distrito de Rombo.

A reserva fica a 30 quilómetros de Moshi. O acesso à reserva faz-se a partir de vários pontos em redor do sopé da montanha. A reserva é a maior da região e cobre toda a faixa florestal das encostas do Kilimanjaro. O Parque Nacional do Kilimanjaro está rodeado pela reserva (75575 ha). O Kilimanjaro situa-se entre 1800 e 2700 metros acima do nível do mar.

A zona recebe precipitação marítima com temperaturas continentais. As vertentes oriental e meridional são mais húmidas do que as vertentes ocidental e setentrional. Na faixa fria das vertentes sudeste, a precipitação ultrapassa os

4000 mm/ano e desce para 900 mm/ano nas vertentes norte. Nas encostas do sudeste, há uma curta estação seca em setembro, enquanto nas encostas do norte há uma estação seca mais longa, de maio a outubro. [00]As temperaturas descem de 16 C a 1500 m para 7 C a 3000 m, e a geada determina o limite superior da floresta.

Os solos da área são adossolos ricos em nutrientes que se desenvolveram em pórfiro e lava basáltica. Os latossolos ferralíticos profundos também se desenvolveram a altitudes mais baixas, enquanto os solos líticos ácidos ocorrem nas cristas rochosas a altitudes mais elevadas.

A vegetação varia consoante a quantidade de precipitação e a altitude. Nas encostas meridionais e setentrionais, abaixo dos 1800 metros acima do nível do mar, existem florestas secas de montanha a altitudes mais baixas e florestas ribeirinhas submontanas nos vales. Nas altitudes mais elevadas, cerca de 2750 metros acima do nível do mar, existe uma floresta de alta montanha.

Nesta área, a *Prunus africana* encontra-se em florestas de alta altitude e a área selecionada para a amostragem foi a aldeia de Kikelelwa, no distrito de Rombo. Vinte (20) árvores *de Prunus* africana foram amostradas neste local e a sua localização foi marcada utilizando o Sistema de Posicionamento Global (GPS)

Zona de captação de Kindoroko-Pare Reserva florestal

^{0}A Reserva Florestal de Kindoroko está localizada entre $_{3043}$'- $_{30}$.46 S e $_{370}$ - 38 E nas Montanhas Pare do Norte, no distrito de Mwanga, a 20 km da cidade de Mwanga. Caracteriza-se por declives íngremes de mais de 20% e é ladeada pelos cumes e picos mais elevados das Montanhas Pare do Norte, entre 1600 e 2113 m acima do nível do mar.

A reserva recebe precipitação marítima com temperaturas oceânicas. Precipitação estimada em 1400 mm/ano com efeito de nevoeiro nas altitudes mais elevadas. A estação seca começa de junho a setembro. ^{00}A temperatura mais elevada é de 22 C (em março) e a mais baixa de 17 C (em julho).

A reserva tem uma vegetação de floresta montana que cobre a metade sul do cume, de 1600 a 1800 metros acima do nível do mar, acima da Missão de Kilomeni e da aldeia. As florestas de montanha superior ocorrem no cume, entre 1900 e 2100 metros acima do nível do mar. As árvores predominantes são *Albizia gummifera, Macaranga, Kilimanjarica e Syzgium guineese sub sp.*

As árvores mais pequenas são *Maesal lanceolata* e *Tabernae Montana sp.*

As florestas fazem parte das Montanhas do Arco Oriental e devem, portanto, ser ricas em espécies endémicas. As camadas de musgo da vegetação de charneca Eriocácea são ricas em espécies raras. O cume principal ainda não foi explorado biologicamente.

Nesta área, *o Prunus africana* encontra-se em florestas de alta montanha e a área selecionada para a amostragem foi Ngujini. No entanto, apenas 15 árvores *de Prunus* africana foram amostradas neste local, pois não conseguimos encontrar 20 árvores que estivessem próximas umas das outras. A sua localização foi marcada utilizando o Sistema de Posicionamento Global (GPS)

Shume - Reserva florestal de Magamba (em Lushoto)

Esta reserva florestal está situada nas montanhas de Usambara Ocidental. Situa-se na parte norte do distrito de Lushoto e é uma das reservas florestais das Montanhas do Arco Oriental. A área situa-se a uma altitude de cerca de 1417 metros acima do nível do mar. ^{00}Situa-se entre 04 44.677 S e 038 17.061 E. A área tem estações chuvosas longas, principalmente de março a junho, e estações chuvosas curtas de outubro a dezembro. A precipitação média anual situa-se entre 1000 e 1250 mm. As temperaturas variam entre 70 e 26,50°C.

Nesta zona, *o Prunus africana* encontra-se em florestas de elevada altitude e a área selecionada para a amostragem é Kandelangampha. Vinte (20) árvores de Prunus africana foram amostradas neste local e a sua localização foi marcada utilizando o Sistema de Posicionamento Global (GPS)

Nguu e Nguru Norte

Durante a investigação, não foi encontrada uma única árvore *Prunus* africana neste local e a investigação ainda está em curso.

Uluguru Sul e Norte

Não foi encontrada uma única árvore *Prunus* africana neste sítio durante o estudo. As investigações ainda não foram concluídas.

Nova reserva florestal de Dabaga/Ulagambi

^{oooo}A Reserva Florestal de New Dabaga/Ulagambi situa-se geograficamente entre 35 54'E -35 57'E,8 01 S-8 06' S. Encontra-se a uma altitude de 1740 a 2100 metros acima do nível do mar. Situa-se a 45 quilómetros a sudeste de Iringa e é delimitada pela aldeia de Kidabaga (limite sudoeste), outras aldeias próximas incluem Ilamba, Lusinga, Magome e, em menor escala, Isele e Lulanzi. A reserva é atravessada por numerosas estradas (especialmente no lado ocidental da reserva), que são antigas estradas de exploração madeireira, estradas de ligação entre as várias aldeias e estradas que ligam as plantações à estrada principal entre Kidabaga e Iringa.

A floresta é rodeada por prados, campos, pequenas áreas de acácia negra (Acacia mearnsii) e pinheiros *(Pinus sp.)*, plantações de chá e áreas de *Parinari excelsa*, a floresta do governo local. As terras agrícolas e os prados estendem-se até ao limite da floresta.

Vegetação. As florestas de New Dabaga/Ulagambi são um mosaico de florestas de alta montanha e florestas montanhosas com manchas de bambu.

As espécies de florestas montanhosas encontram-se nos

vales, enquanto as espécies de alta montanha podem ser encontradas nas encostas superiores. As florestas foram fortemente perturbadas pelo abate de árvores e incêndios, o que levou a um dossel rasgado com vegetação emaranhada em muitas áreas. 3296 ha são florestais, 308 ha são charnecas arbustivas e 96 ha são prados.

Floresta de montanha com copas de árvores até 25 metros de altura ___________nos vales

As árvores incluem *Albizia gumifera, Bridelia micrantha*, *Cassipourea gummiflua, Chrysophyllum gorungosanum, Ochna hostlii, Ocotea usambarensis, Polyscia bfulva, Schrebera,*

alata, Syzgium guineense e *Zanthoxylum gilletii*. Outra floresta é a Floresta de Montanha Superior, com uma altura de copa de 10-15 metros nas encostas superiores, onde *crescem* árvores como *Albizia gummifera, Aphloia theiformis, Bersama abyssinica, Diospyros whyteana, Macaranga kilimandascharica* e *Prunus Africana*.

Solos. **Os** solos são castanhos, franco-arenosos sobre gnaisse cristalino com componentes de argila pedregosa. Não há grandes rios que nasçam na reserva, mas há numerosos pequenos riachos que nascem na reserva na parte de Ulagambi dos limites da reserva. Estes cursos de água são utilizados localmente para a irrigação dos campos e para o abastecimento geral de água.

Clima. O clima é caracterizado por precipitação oceânica e temperaturas oceânicas/continentais. A estação pluviométrica mais próxima situa-se em Iringa, mas a mais próxima com resultados comparáveis situa-se em Brook Bond Tea Estates, a sul. A precipitação estimada é de 1500-200 mm/ano. ^{oo}A temperatura média estimada é de 20 C, a temperatura máxima (dezembro) é de 15 C (julho). A estação seca decorre entre junho e novembro.

Nesta zona, o *Prunus africana* foi encontrado nas altas montanhas, e a zona selecionada é Kidabaga, que também alberga espécies de bambu utilizadas pelos habitantes locais para fazer vinho.

No entanto, apenas dezanove (19) árvores de *Prunus africana* foram amostradas neste local e, embora tenha sido possível obter todas as vinte árvores de *Prunus africana* para a nossa amostragem, só conseguimos amostrar as árvores que estavam próximas umas das outras. As restantes árvores estavam, portanto, um pouco afastadas das 19 árvores já amostradas. As árvores amostradas foram marcadas com o Sistema de Posicionamento Global (GPS).

Reserva florestal de Maguli e a montanha de Livingstone Reserva florestal.

As poucas reservas florestais no distrito de Makete incluem a Reserva Florestal de Maguli e a Reserva Florestal da Montanha Livingstone. O distrito de Makete está situado no extremo ocidental da região de Iringa, a cerca de 350 quilómetros da sede regional. Faz fronteira com a margem norte do Lago Nyasa, separada por uma encosta íngreme e que se estende gradualmente até às áreas mais baixas e planas do Distrito de Njombe, a leste. [0000]Situa-se entre 08 45' e 09 40' a sul do equador e entre 33 85' e 34 30' a leste de Greenwich.

Este local é a primeira área visitada na Reserva Florestal de Maguli, que se situa na parte sul do distrito e particularmente na área à volta de Bulongwa. *A Prunus africana* é aqui referida localmente como *Mpembati* pelo povo Wakinga. No entanto, havia muito poucos indícios da presença de *Prunus africana, pelo que* não nos foi possível recolher amostras neste local.

Encontrámos outros obstáculos nesta área, tais como a fraca acessibilidade ao local, uma vez que as estradas de terra são muito más e a distância entre a cidade de Makete e as áreas em redor da reserva florestal é muito longa. Havia também o problema de não haver literatura suficiente sobre esta reserva florestal, incluindo informação sobre o estado atual da reserva florestal.

Reserva florestal de Geita

A Reserva Florestal de Geita é uma reserva florestal

territorial que inclui 21 aldeiasaldeias, nomeadamente

BufundaMpovu,Msasa,Kalangalala,Ihayabulyanga,Buhahal

a,Kasi

wa,Bungwangoka,Mshinde,Kamhanga,Lwenge,Kifufu,Kasot

a,B

gulula,Nyamilolelwa,Nyakabale,Kayenze,Luhuha,,Inyala,Ch

ibing o e Mbabani.1963 foi colocada sob o domínio colonial britânico pelo Aviso do Governo n.º 110 de 10/4/53, Plano n.º Jb146.

A floresta tem uma área total de 47 700 ha com limites não geridos e está localizada na parte central do distrito de Geita, estendendo-se até à parte sudoeste e sudeste. A floresta fica a cerca de 91 quilómetros da cidade de Mwanza e a (3-5) quilómetros da cidade de Geita.

Situa-se entre os 800 e os 1350 metros de altitude e é constituída por colinas graníticas limitadas e solos vermelhos que envolvem o granito dos picos, bem como por solos arenosos baixos e empobrecidos.

A precipitação anual situa-se entre 900 mm e 1200 mm. A vegetação da floresta é constituída por bosques de Miombo. As espécies arbóreas predominantes são a *Brachystegia, a Abizzia* e a *Afromozea*. As actividades que ameaçam a floresta incluem os carvoeiros, os mineiros, os madeireiros, os criadores de gado e as serras de fosso.

A literatura indica que *o Prunus africana* ocorre na Reserva Florestal de Geita ao longo do rio Mdandawamungu. O rio Mdandawamungu fica na Autoridade Nativa de Rwande e esta é uma das áreas que visitámos para a nossa exploração de *Prunus africana*. Na verdade, atualmente não existe o rio Mdandawamungu, pois diz-se que este pequeno riacho (rio) secou há muito tempo, nas décadas de 1950 e 1960, quando o único inventário florestal foi realizado na Reserva Florestal da Geita. No entanto, perto desta área encontra-se o rio Rwande e decidimos investigar esta área. Esta área fica a cerca de 2,6 km do nosso parque de estacionamento. ^{oo}A localização geográfica é S 02 41.591' e E 032 08.103'. A altitude é de 1210 metros acima do nível do mar. A vegetação desta zona é um bosque de miombo, que não está ecologicamente relacionado com o *Prunus africana*. Além disso, a zona está a uma altitude mais baixa, embora se possa imaginar que algumas zonas mais altas atinjam 1210 metros acima do nível do mar, o que não é um indicador da disponibilidade de *Prunus africana*. No entanto, a vegetação mostra sinais de regeneração, uma vez que árvores mais pequenas e curtas estão agora a crescer devido à perturbação causada pelo sobrepastoreio da população Sukuma e pelas actividades de exploração madeireira.

Outra zona visitada chama-se Mgusu. Também nesta zona não se encontraram vestígios de Prunus *africana*. Esta área também não é muito alta, algumas partes atingem 1345 metros acima do nível do mar, e é dominada por floresta de miombo. Foi afetada pela exploração de ouro por garimpeiros locais de pequena escala. Esta parte da Reserva Florestal de Geita fica perto da mina de ouro de Geita, onde o ouro é extraído em grande escala. Outras actividades que constituem uma ameaça para a floresta incluem a exploração madeireira em pequena escala, a criação de animais e a produção de carvão vegetal.

Após esta observação, não conseguimos obter *Prunus africana* na Reserva Florestal de Geita e isto assinalou o fim da nossa viagem de reconhecimento para identificar os locais para *Prunus africana* e recolha de amostras.

Resultados fenológicos de *Prunus africana* na Tanzânia.

As seguintes constatações fonológicas foram obtidas durante o reconhecimento, a identificação do local e a recolha de dados para Prunus africana nas florestas Afromontane da Tanzânia.

Foram recolhidas amostras de folhas e cascas de todas as árvores visitadas em quatro dos seis locais. Foram recolhidos espécimes de herbário sem frutos e flores. Durante o atual período de estudo,

Não havia flores nem frutos, uma vez que se trata de uma época baixa e, por conseguinte, não foi possível recolher nenhum destes parâmetros. As amostras estão em bom estado e prontas para serem enviadas.

- A cor da parte interna do dorso é esbranquiçada/creme em todas as árvores amostradas.

-Para a maioria das árvores, a forma do tronco situa-se entre os números 2 e 5 (de acordo com a diretriz de amostragem). O estado das copas da maioria das árvores também é bom e situa-se entre os números 0-2 (de acordo com a diretriz de amostragem), com algumas árvores com o número 3 a mostrarem um estado mau.

Durante o estudo, em todos os locais visitados, registou-se uma elevada concentração de *Prunus africana* na Reserva Florestal de Captação do Kilimanjaro, em comparação com outras áreas. Até agora não encontrámos qualquer população de *Prunus africana* no Monte Nguru e em Uluguru, mas estamos a prosseguir a nossa investigação.

As árvores têm uma grande circunferência do tronco (DAP), como a árvore n.º 78 com o DAP mais elevado de 184,71 cm em Lushoto e o DAP mais baixo de 26 cm na árvore n.º 7 nas florestas de Meru, o que mostra que as árvores são pouco ou nada perturbadas pelo homem.

-Havia menos rebentos/plântulas à volta das árvores, sendo o valor mais elevado de 15 no local 1, enquanto nada foi encontrado nos locais 3 e 4. Isto mostra que a espécie está a rejuvenescer pouco ou nada no estudo.

Práticas e desenvolvimento do comércio de *Prunus africana* e situação das plantações na Tanzânia.

O comércio de *Prunus africana* exige atualmente procedimentos comerciais, incluindo autorizações e licenças das autoridades competentes. Existem poucos dados estatísticos disponíveis sobre o volume deste comércio. Alguns dados do Departamento Florestal e Apícola (FBD) do Ministério dos Recursos Naturais e do Turismo (MNRT) mostram que, em 2007, foram exportadas quinze (15) toneladas para Espanha e um total de quarenta (40) toneladas de casca de *Prunus* africana para o Reino Unido. Por outro lado, existem algumas empresas que exportam Prunus *africana para* vários países do mundo. A TABECO International Ltd e a Afro-Scan International Ltd, ambas sediadas em Dar es Salaam, exportam *Prunus africana* para países como os EUA, a China, a França e a Alemanha. Até à data, não existem provas de colheita comercial e, depois de a CITES ter proibido a Tanzânia de exportar *Prunus africana,* a Tanzânia não tem qualquer possibilidade de o fazer. A colheita envolve normalmente a remoção de 50-75% da casca da árvore. Tal como já foi referido, apenas duas empresas efectuaram a colheita, e estas foram realizadas em explorações agrícolas privadas e não em terrenos estatais. Como se trata de terrenos privados, não foi efectuado qualquer inventário. A capacidade de efetuar um inventário é limitada por restrições financeiras. Atualmente, não existe qualquer incentivo para que os habitantes locais cultivem *P. africana*. Este estudo também constatou que as florestas protegidas, especialmente a do Kilimanjaro e a de Usambara Ocidental (Shume Magamba), *estão ameaçadas* pela colheita ilegal de *Prunus africana, uma* vez que a área não fica longe da fronteira com o Quénia, onde *a Prunus africana é* comercializada há muito tempo. Nestas explorações agrícolas privadas, um número excessivo de árvores de Prunus africana é também abatido para a obtenção de madeira, uma vez que algumas pessoas não estão conscientes da importância internacional da árvore.

As principais ameaças às florestas de Afromontane na Tanzânia.

A sobre-exploração dos recursos naturais está a alterar gradualmente a composição genética e a reduzir a biodiversidade das florestas. Este estudo concluiu que as florestas afromontanas estão ameaçadas de várias formas, levando a um declínio do coberto florestal do país. As principais causas deste declínio são a forte pressão da

Extração ilegal de madeira. Este facto contribui significativamente para a dizimação das florestas afromontanas da Tanzânia. Isto deve-se ao facto de a procura de madeira para fins comerciais e privados ser muito elevada. As florestas afromontanas da Tanzânia são ricas em espécies de madeira dura, como *Albizia gummifera, Anigera adolfi-friedderici, Cassipourea malosana, Celtis africana, Podocarpus falcatus e Polyscias kikuyuensis*. Trata-se de espécies de madeira valiosas que podem levar à exploração madeireira ilegal, especialmente em zonas onde as florestas não são geridas ativamente. Este foi o caso em todas as florestas visitadas, mas não na

Florestas na bacia hidrográfica de Meru, onde a administração florestal coopera com a TANAPA.

Intervenções agrícolas. Estas florestas afromontanas proporcionam microclimas adequados que são favoráveis à agricultura. Numa situação em que a produtividade das terras agrícolas já utilizadas diminuiu e a população aumentou, as pessoas tendem a invadir as florestas naturais para a produção agrícola. Verificou-se que a batata-doce é cultivada em pequena escala na Reserva Florestal de Nguru e que algumas partes dos limites de outras florestas visitadas são reivindicadas pelos agricultores.

Incêndios. O fogo é uma caraterística típica de muitas florestas tropicais. Durante o estudo, verificou-se que o fogo é um dos principais factores que contribuem para a mudança nas florestas de Afromontane, uma vez que é criado um novo coberto florestal após o incêndio. Estes incêndios são por vezes iniciados deliberadamente por caçadores ou por descuido agrícola, ou ocorrem naturalmente, especialmente durante a estação seca. Os incêndios deliberados resultaram na conversão de grande parte das florestas afromontanas da região em pastagens e matagais. Além disso, a extração artesanal de ouro (como no caso da Geita), rubis e granadas constitui uma ameaça para algumas zonas. No entanto, o governo conseguiu sensibilizar as pessoas para minimizar este problema.

A sobre-exploração dos recursos madeireiros para vários fins e outras actividades humanas, incluindo a produção de carvão e lenha, são também uma ameaça para as florestas Afromontanas na Tanzânia, uma vez que a procura é muito elevada. Este facto foi observado em todos os sítios visitados na Tanzânia.

Técnicas de extração da casca de *Prunus africana* na Tanzânia e a ameaça para as florestas.

A procura crescente de casca de *Prunus africana* ameaça não só a extinção desta espécie na natureza, mas também os recursos da floresta. Antes de a CITES suspender a exportação de *Prunus africana da* Tanzânia, não existiam mecanismos claramente identificados para a extração da casca. Atualmente, há também provas de que são utilizados métodos locais de descasque, ou seja, a utilização de catanas e facas afiadas. Durante o descasque, metade a três quartos da casca da árvore adulta é removida. Este facto constitui uma ameaça para estas florestas, especialmente se não existirem métodos adequados para a colheita das espécies de árvores. A remoção da casca é limitada à colheita de árvores maduras que se espera que produzam sementes. De acordo com os procedimentos de abate prescritos pelo Ministério dos Recursos Naturais e do Turismo (MNRT), são seleccionadas árvores com pelo menos quarenta anos de idade. A razão para tal é que a casca das árvores seleccionadas contém mais compostos medicinais do que a das árvores jovens. No entanto, não se sabe até que ponto este procedimento é implementado, uma vez que a colheita é efectuada por indivíduos.

Recomendações para a gestão sustentável de Prunus africana na Tanzânia.

Até à data, não foram estabelecidas plantações bem sucedidas na Tanzânia. Apenas as plantações experimentais de *Prunus africana* no Projeto Florestal de Shume-Magamba, no nordeste da Tanzânia, foram estabelecidas pelo Instituto de Investigação Florestal da Tanzânia (TAFORI), juntamente com parcelas experimentais plantadas pelo TAFORI em 2002 no Centro de Investigação de Silvicultura de Lushoto (LSRC), e podem ser utilizadas para investigação. Também é importante notar que o conhecimento atual sobre a distribuição das populações de *Prunus* africana se baseia em colecções de herbário e, por conseguinte, são necessários inventários, uma vez que ainda não *foram* realizados inventários ou avaliações desta espécie na área de distribuição. São necessários estudos sobre a duração da regeneração da casca e a espessura da casca para determinar os intervalos de tempo entre colheitas. Estes estudos são importantes antes da elaboração de um plano de gestão. Isto também cumpre a recomendação do Comité Permanente da CITES.

Por outro lado, existem também pontos de vista sobre a informação fonológica sobre *Prunus africana* provenientes de outros estudos. Quanto mais Prunus for colhido por árvore, maior é a probabilidade de mortalidade, ou seja, 1 colheita 25%, 3 colheitas e 3-4 anos entre elas = 50% de mortalidade, Ilha de Bioko (Guiné Equatorial); também 100% de descasque, taxa de sobrevivência 2025% (Universidade de Córdoba); o rendimento médio da casca por árvore varia muito: 55 kg (Hall et al), 85 kg (Ndam) a

Embora não seja possível encontrar mais informações sobre a regeneração da casca de *Prunus africana* na Tanzânia no sítio Web visitado, a experiência das Ilhas Bioko mostra que a regeneração da casca demora, em média, 8 a 10 anos (Universidade de Córdoba) e, para uma colheita sustentável da casca nos Camarões, são colhidos os dois lados opostos da árvore e, em seguida, os dois lados seguintes são colhidos para permitir a regeneração dos lados anteriores da árvore.

Enquanto a Tanzânia precisa de criar incentivos e sensibilizar a população para domesticar e conservar a Prunus africana, outros países como o Quénia, Madagáscar e Camarões já estão vários passos à frente.

REFERÊNCIAS

1. C. Kapinga, **I. Hussein** e N. Magogo. (2007). Desenvolvimento de estratégias

para a conservação e utilização sustentável de *Prunus africana, a* fim de melhorar os meios de subsistência da população local.

projeto de subsistência dos pequenos agricultores.

2. Mbuya, L. P., Msanga, H.P., Ruffo, C.K., Ann Birnie e BoTengnas. (1994). Árvores úteis

e arbustos para a Tanzânia: *identificação, propagação e gestão para a agricultura*

Comunidades pastoris. P. 542 Unidade Regional de Cons. do Solo / SDA. Unidade Regional de Solos / SDA. Manual técnico nº 6.

3. T.F.C. G (2005): Edições especiais sobre as Montanhas do Arco Oriental, Monitorização das linhas de base. Lillesand,

TM. e Kiefer, R.W.2000. Deteção Remota e Interpretação de Imagens. 4 thEdição.

4. República Unida da Tanzânia (URT) (1998). *A política florestal nacional.* Gabinete de Impressão do Governo,

Dar es Salaam. 59 páginas.

5. Zilihona, I., Shangali, C.F., Mabula, C.K. e Hamisy, C. (1998). Actividades humanas

Ameaças à biodiversidade na Reserva Florestal da Escarpa de Udzungwa *Journal of East*

História Natural de África n.º 8319-326

6. Hall et al, 2004. Tendências de mortalidade na cereja *africana* (*Prunus africana*) e implicações para a

Macacos Colubus (*Colobus guereza*) na floresta de Kakamega,
Quénia

7. CITES (2001). Desenvolvimento de um quadro

metodológico e de directrizes práticas para a

Avaliação, aplicação e acompanhamento de projectos

sustentáveis

Quotas de colheita para *Prunus*

africana a nível nacional. Proposta de projeto. Décima

primeira reunião do Comité das Plantas

Langkawi (Malásia), 3-7 de setembro de 2001.

8. Clemente Munoz, **M. A., Navarro** Cerrillo, R. M., Kasimis, N., Hernandez Bermejo, J. E.,

Padron Cedres, E., Martm-Consuegra Fernandez, E., Hernandez Clemente, R. e

Garcia-Ferrer Porras A. (2006). Avaliação da colheita de
Casca de *Prunus africana* em

Bioko (Guiné Equatorial): Directrizes para um plano de gestão. Universidad de

Córdova. 186 páginas, ISBN: 84-7801-848-4

9. Cunningham, A.B. (2006). CITES Significant Trade Review of

Prunus africana. PC16 Doc.

[a]10.2 Anexo 1. 16ª Reunião do Comité das Plantas, Lima 2006 32 pp. www.cites.org.

10. Ndam, N., Ewusi, B.; Tonye, M.; Laird, S., O'Brien, E. (2000). Política e regulamentação

Quadros, Capítulo 8: 67-71 *In Prunus africana*: a Monograph. Hall, J. B., O'Brien, E.

M. e Sinclair, F. L., Eds. (2000). Publicação da Escola de Ciências Agrárias e Florestais

Número 18, Universidade do País de Gales, Bangor. 104 páginas.

Índice

MIX
Papier aus verantwortungsvollen Quellen
Paper from responsible sources
FSC® C105338

Printed by Books on Demand GmbH, Norderstedt / Germany